设计汇

Collection of Creative and Design

建筑与室内设计的跨界思维 第2辑

Crossed Thinking between
Architecture and Interior Design

本书编委会 编

商业（商业综合体、商场、专卖店、展厅设计等）

当代中国第一套设计类全媒体丛书，纸书、App 电子书、"多看"电子书同时发行，支持数字化富媒体深入阅读。

天津大学出版社
TIANJIN UNIVERSITY PRESS

图书在版编目（CIP）数据

建筑与室内设计的跨界思维．第2辑 /《建筑与室内设计的跨界思维》编委会编．— 天津：天津大学出版社，2015.3
（设计汇）
ISBN 978-7-5618-5266-8

Ⅰ．①建… Ⅱ．①建… Ⅲ．①建筑设计－作品集－中国－现代②室内装饰设计－作品集－中国－现代 Ⅳ．① TU206 ② TU238

中国版本图书馆 CIP 数据核字（2015）第 054563 号

出版发行　天津大学出版社
地　　址　天津市卫津路 92 号天津大学内（邮编：300072）
电　　话　发行部 022-27403647
网　　址　publish.tju.edu.cn
印　　刷　北京信彩瑞禾印刷厂
经　　销　全国各地新华书店
开　　本　220mm×300mm
印　　张　8
字　　数　92 千
版　　次　2015 年 3 月第 1 版
印　　次　2015 年 3 月第 1 次
定　　价　58.00 元

本书编委会

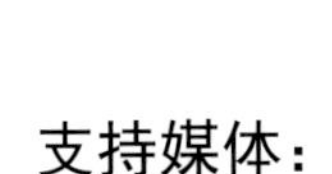

支持媒体：

全媒体阅读方式

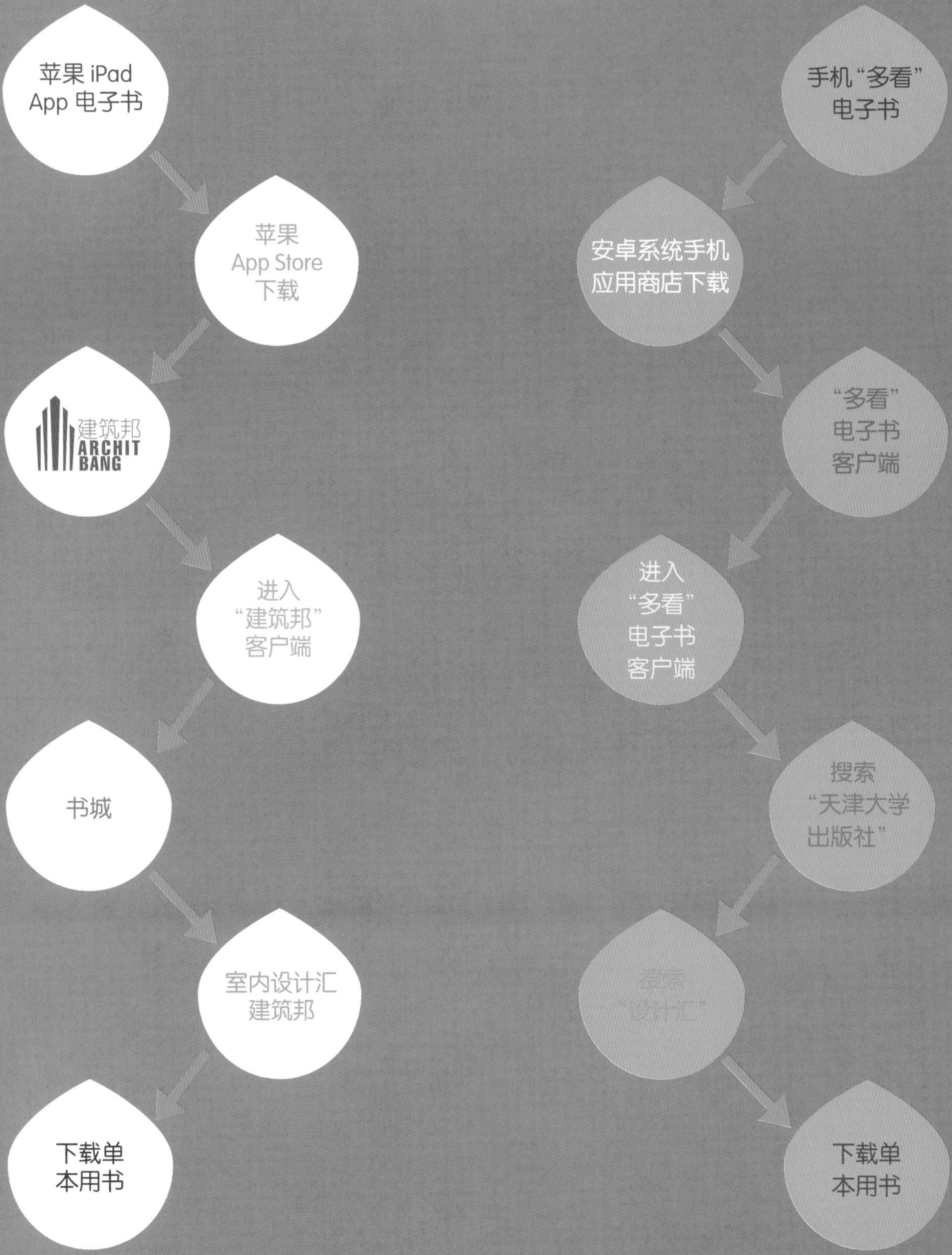

苹果 iPad
App 电子书

苹果
App Store
下载

建筑邦
ARCHIT
BANG

进入
“建筑邦”
客户端

书城

室内设计汇
建筑邦

下载单
本用书

手机“多看”
电子书

安卓系统手机
应用商店下载

“多看”
电子书
客户端

进入
“多看”
电子书
客户端

搜索
“天津大学
出版社”

搜索
“设计汇”

下载单
本用书

前　言

建筑与室内设计面对着城市生活空间中不同尺度的单元。建筑设计更多地体现宏观性、功能性和技术性，室内设计则是建筑的微观与细化，更多地讲究文化氛围与艺术感。对于一座建筑来说，只有实现建筑设计和室内设计的里应外合、内外兼修，才能成为个性鲜明、功能完美、舒适宜居的杰作。

在中国，由于教育及行业发展的原因，建筑设计与室内设计暂时呈现割裂状态，一般是建筑设计在先，室内设计在后。在配合上，存在着建筑设计与室内设计严重脱节的矛盾冲突。在国外，不会出现建筑设计结束之后再由室内设计师进驻的情况，而是在整个项目设计之初，就将建筑与室内设计甚至景观设计统筹考虑，这就是设计的一体化思维。如今，很可喜的现象是设计界呈现出室内设计越来越多、越来越早地开始与建筑设计进行合作的趋势。很多以前专做建筑设计和规划的大型设计机构在自己的组团中加入了室内设计一环。很多专做室内设计的设计师也越来越关注建筑设计的相关理念，在室内设计中更多地考虑到建筑设计所传达的语汇，以求得整体的和谐与统一。

就像很多世界级建筑大师跨界设计家居，寄托他们的建筑理想一样，越来越多的设计师和设计机构通过跨界思维打破惯有思维定式，实现更具创意、更宜居的场地设计。 跨界思维就是用大眼光、多角度、多视野看待问题并提出解决方案，它不仅代表着一种时尚的生活态度，更代表着一种新锐的思维特质。跨界要求人具有丰富的经历和综合的知识结构。

目前，可以同时满足建筑设计师和室内设计师阅读需求的参考书籍还很少。本书旨在采用一体化的设计思维，从宏观的建筑设计，到微观的室内设计，再到细部的小创意或创意小作品，按照主题精选优秀设计机构和精英设计师的最新作品，展示他们的创意构思及设计理念，采用访谈形式剖析大师或知名机构的发展历程，让建筑设计师了解室内设计的创意理念，让室内设计师把握建筑设计的精髓概念，从而达到促进设计师跨界思维的目的。

本书的策划者“建筑邦”和“中国国际室内设计网”分别在建筑设计和室内设计领域拥有极高的知名度。为了将建筑设计和室内设计完美结合，两家机构一直在不遗余力地推动跨行业的交流。

更值得一提的是，本丛书为当代中国第一套设计类全媒体出版物，除纸质图书外，还有 iPad 电子书、手机“多看”电子阅读、亚马逊电子书等多种电子版本，支持大图深入阅读，支持富媒体阅读，全方位为设计师提供一场视觉上的饕餮盛宴。

由于各方条件所限，本书难以趋于完美。希望在以后的丛书出版过程中，各位设计师和各家设计机构能参与本书的编写（投稿邮箱 sjhtougao@163.com），将自己的理念和智慧与读者共享。

跨界思维无限，创新永无止境！

编者

© 2015 年 2 月

目录 CONTENTS

第一部分 品牌故事

第二部分 建筑思维

第三部分 室内创意

第一部分
品牌故事

Qinghe Snoopy Theme Park,Beijing
清河史努比乐园

工程档案

开发商：华润五彩城
设计单位：美国 MCM 国际设计集团
项目地址：北京清河华润五彩城
占地面积：5 000 平方米

项目介绍

不收取门票，只能通过消费小票兑换入场券（消费满 200 元可以换取一张花生券）的游乐场——史努比主题乐园是北京清河华润五彩城最热闹的地方。这座 5 000 平方米的乐园建在华润五彩城二期公交场站的屋顶上，里面围绕史努比形象建造的各种游乐空间及设施令孩子们流连忘返，也引来家长不计成本的投入。

这座华北唯一的史努比主题乐园由美国 MCM 国际设计集团进行设计，在正式开园当日，客流量就突破 7 万人。开园后，五彩城客流增长 50%，营业额增长 30%。

最伟大的小狗——史努比是漫画家查尔斯舒尔茨从 20 世纪 50 年代起就开始连载的漫画作品《花生漫画》中的主人公，现今该漫画已经出版超过 3 亿本，延续了整整半个多世纪，每天有超过 3 亿的读者通过 75 个国家的 2 600 种报纸或其他媒体以 21 种不同的语言阅读。

MCM 打造史努比儿童主题乐园的目的是什么？解决了什么问题？带来了什么价值？

通过对主题定位的分析，MCM 确定了运用史努比的形象及它的故事为乐园的主题，史努比的主题空间提供一个更吸引人的环境，吸引家长和孩子到商场，停留更长的时间并有更多的消费，高客流量的主题空间可以为商场带来更高的租用率。为了达到提高客流量的目的，前期的品牌定位就显得尤为重要。

MCM 认为，在设计过程中，应该考虑以下问题。

（1）主题适应的人群广度——决定客流量的变化。
（2）提升衍生品的价值——餐饮、服装、纪念品、玩具等。
（3）增加体验项目——有故事情节的乐园往往可以提供更多的参与体验项目。
（4）节庆——主题庆典活动区别于普通的节日活动，主题庆典活动互动参与性更强。

SNOOPY
GARDEN

SNOOPY
GARDEN

MCM在设计中运用追溯故事线的设计手法将半个世纪的忠实粉丝带到这个乐园中。我们希望家长可以带孩子来这里游玩，和孩子们一起分享自己的成长历程。我们甚至会对我们的孩子说“像史努比一样思考，你也能成为思想家”。在此它不仅仅是儿童的乐园，也是成长起来的60后、70后、80后们寻找回忆的乐园。因此在项目中更多地设计了可以让家长与孩子共同参与的体验项目。

MCM一直坚信有故事的乐园更吸引人群，越是赋予乐园生命力，就越有利于衍生品的发展。在项目规划中充分利用了项目场地的特征，同时创造了能够服务于所有年龄段和不同收入水平人群的项目元素，能够迎合不同的细分市场、节日和特殊活动。因此，在设计中MCM预留了未来消费的庆典区、移动商车等。除了游乐园之外，其他元素也能够增强本项目的经济可行性，并为商场未来的成长提供了空间，比如设立了史努比西餐厅和史努比集合店，并将《花生漫画》的元素融入购物中心的环境布置中，东区商场中庭布置了“空中混战”的主题故事，前往史努比花园的沿途更是设置了许多史努比玩偶，甚至卫生间也是充满了趣味的主题卡通形象。

SNOOPY BAKERY

CAN HOLDING A
BLANKET MAKE
YOU FEEL SECURE?
OH, BOY..
SECURITY

REPORT
HERE..
WHO
KNOWS?
GOOD...THAT WAS EASIER
THAN I THOUGHT..
CUTE
ing Programme of RM™

SECURITY

STUPID DOG!!
ZIP!

CUTE
GOOD.. TH
THAN I TH

SNOOPY GARDEN
© Peanuts Worldwide LLC, Peanuts.com A Licensing Programme of RM™
Welcome
Welcome

BUS
STOP

MCM 预留未来庆典消费区的优势

气候模式表明，虽然这个项目可以按照开放空间的模式操作，但北方地区仍有 5 个月左右的时间不适合儿童在户外活动，此时室外预留的庆典区域和室内的活动空间保证了冬季游客的数量。11 月至次年 4 月正值感恩节、圣诞节、春节、情人节等节日密集期，互动体验的节庆活动弥补了冬季客流量降低的问题。

细节决定成败

（1）设计师建议在人行走道的铺装上利用爪印作为装饰，以增加娱乐的气氛。孩子们可以从一个爪印上跳到另外一个爪印上。同时，爪印可以引导游人进入下一个游乐项目。

（2）设置露天卡通剧场，夏季用于花生米经典剧场表演，冬季用于户外庆典表演。由于庆典区的加入，增加了乐园冬季的使用率。

（3）在游乐项目的布置上，我们考虑到项目邻近居民区，故在规划时尽量避免对居民产生不利的影响。在不同的年龄区域加入家长可参与的家庭互动体验项目。

（4）所有元素都设计成为有趣的空间，而且没有占用零售店的橱窗空间，从而最大限度地利用公共空间及商业死角面积。

MCM 带来的价值

我们希望可以将现在普通的大型购物中心打造成商业生活中心，打造全方位的生活体验模式，集购物、餐饮、娱乐、儿童、生活服务为一体的体验性商业模式。商业生活中心是一种先进的生活方式和商业运作模式，把居住和商业完美地结合在一起，互相促进，自然融合。五彩城的商业模式必将被复制，原因很简单，它将卡通品牌、人文气息、娱乐休闲三大核心元素相融合，运用卡通、寓教于乐、文化体验等形成与众不同的消费感官体验，这点正是抓住了人们内在的需求与渴望，并且最终在很大程度上由此项目带动了整个五彩城的人流与利润目标的实现。

第二部分
建筑思维

Foshan Nanhai Wanda Plaza
佛山南海万达广场

工程档案

开发商：佛山南海万达广场有限公司
设计单位：上海霍普建筑设计事务所有限公司
项目地址：广东省佛山市
建筑面积：530 000 平方米
设计时间：2012 年
项目状况：竣工完成（2014 年）

项目介绍

佛山，荣耀千年的商贸名城，与广州地缘相连，同处在中国最具经济实力和发展活力之一的珠江三角洲经济区中部，随着省级开发区佛山南海地区广东金融高新技术服务区的建设，更进一步加强了“广佛一体化”的进程。

佛山南海万达广场位于南海区广东金融高新技术服务区的核心区段，用地北面紧贴广佛高铁金融城站，交通便捷，伴随着广佛经济带的发展和佛山市自身经济地位的不断提升，此区域拥有非常好的发展前途。

项目规划用地面积为 9.7 公顷，地上建筑面积 53 万多平方米。建筑群体分为南、北两个区域；北区为住宅区，南区主要为公建区。公建区包括一栋 6 层购物中心、三栋 33 层写字楼（产权式酒店），一栋高达 185 米 44 层和一栋 29 层的甲级写字楼以及外廊式室外商业街。

一、设计构思

南海万达广场的巨大体量和高度必将成为广州和佛山连接处的地标性建筑和空间景观。对于这一设计课题，外立面方案设计力求表达一种欢乐与升腾的意向，希望以此与项目本身的特点符合，同时提升该区域的形象。

为表现这一构思，设计创意采用了花与飘带的意向。广州素称“花城”，飘带的加入加强了欢乐与升腾感的表达，这一意向同时暗合了地区的隐性文化。

方案设计中将花与飘带的共同形象特点进行了提炼，将之精炼为曲线，作为立面造型的主题。经过艰苦的构思与反复的锤炼，我们确定了立面上曲线造型的手法并将这一手法运用到了所有单体的立面中，成为这组建筑群的独特标志。这一手法是将本来是平面飘带的两条曲线边中的一条在其中部向外拉出一定距离，而该曲线两端点不动，以此形成飘带的两条边错动和扭曲的效果。这一手法在每个单体的立面上运用时会根据该部位的特点和需要进行适当的变化。

鸟瞰效果图

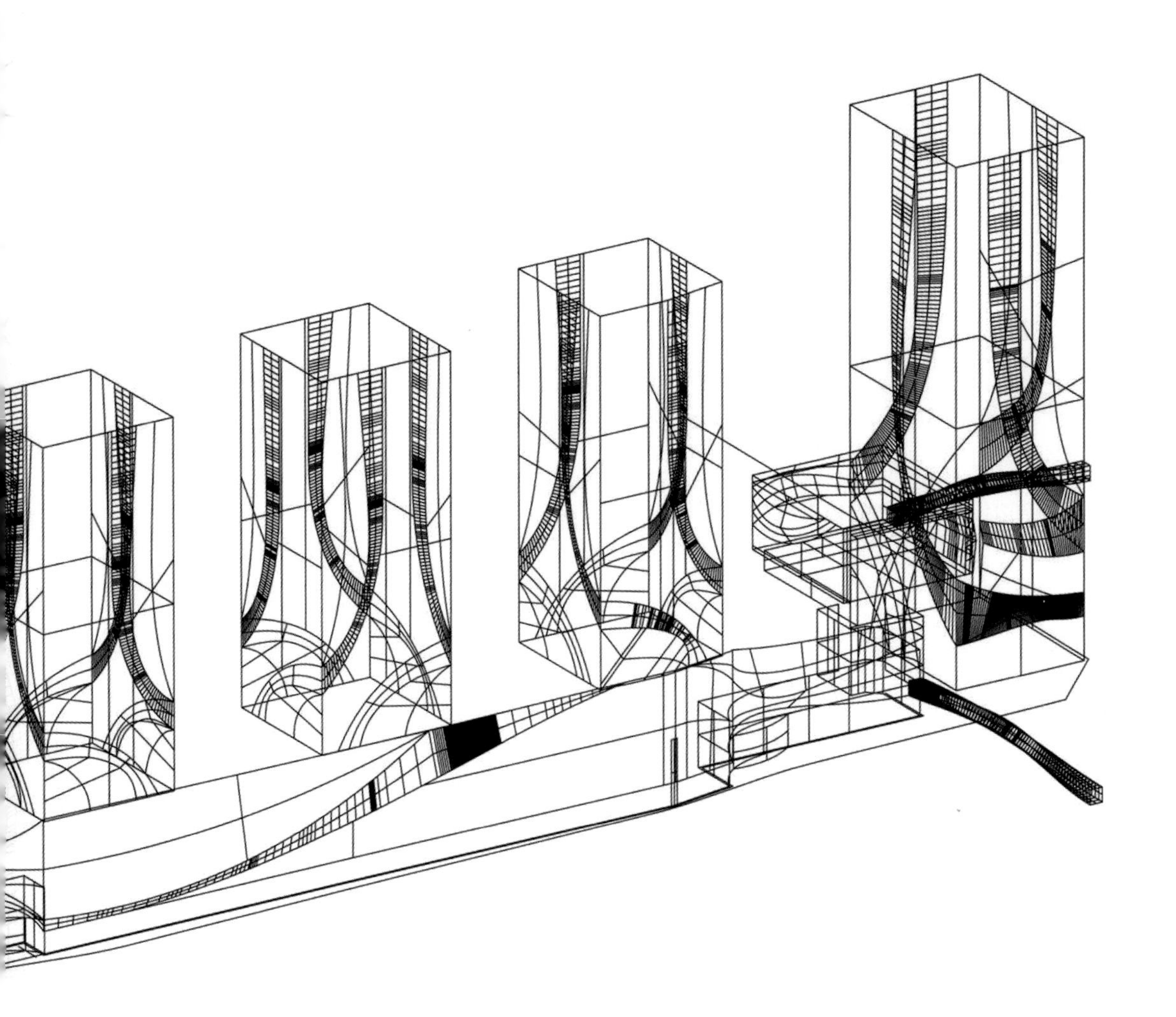

线框分析图

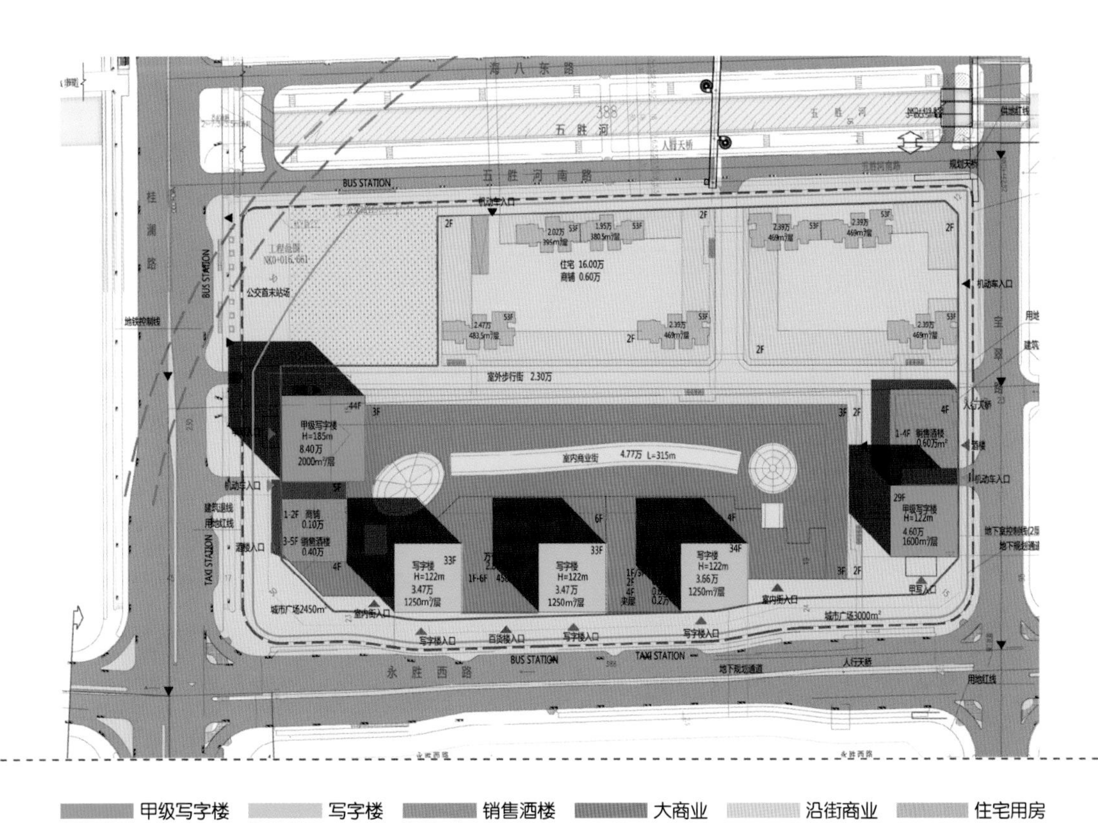

功能分析图

二、大商业表皮

购物中心的经营业态属于时尚精品，中标方案力求从时尚元素——高级皮具的表皮设计手法中吸取灵感，仅采用横竖条纹的变化，材质十分单纯，但在光影下产生出丰富的肌理效果。飘带的加入打破了立面的方正，并在两侧的主入口处产生强烈的扭转，与其两边相对平整的立面产生对比，由此从视觉上突出了主入口，其扭转产生的挑出形态同时替代了雨篷的功能，翻滚的彩色飘带极大地丰富了购物中心的商业气氛。

主入口立面图

中心
际5A写字楼
万达广

三、甲写字楼立面

超高层甲写字楼的立面处理通过曲线将原本方正的巨大形体分割成四个体块，由此扭转上升，产生了强烈的升腾感，并在顶部用凹形产生一种冲破束缚的视觉冲击力，仿佛由此无限上升，意犹未尽，最终成为该区域极具特色的标志物。

四、SOHO 立面

三栋产权式酒店的立面采用了和甲写字楼相似的手法，在形成丰富立面效果的同时稍做简化处理，与群体中的其他单体协调。

整体立面图

KAVON
VERO MODA

WAYES 维意定制
ONLY
ONLY

ROSE
PESS
Fashion

CIES
STHQ
万达影城
10元看大片
劲减70元

HCASC
YIXB
10元看大片

Wuhan Tiandi Complex
武汉天地综合体

工程档案

开发商：瑞安房地产有限公司
设计单位：5+Design
项目地址：湖北省武汉市
占地面积：700 218 平方米
建筑面积：397 500 平方米
项目状态：在建
项目类型：综合体
项目功能：零售，餐饮，娱乐，办公，住宅，公园，城市农场

项目介绍

武汉天地综合体项目坐落于湖北省武汉市，旨在为武汉市提供商品、服务以及社交和文化设施环境可持续发展的社区，在充分实现自给自足的同时保持对外开放，并且将城市与大自然融会贯通。庞大的永清项目总体规划部分跨越长江，公园广场为包含五个地块在内的商业综合体，其中包括两幢办公楼（一座 283 米高，另一座 186 米高）、两幢住宅大厦（均为 170 米高）以及一个可以在冬夏封闭、春秋敞开的创新节能的四层购物商场。

JIE FANG BOULEVARD
解放大道
XIN JIAN ROAD
HUANGPU Er ROAD
HUANG PU ROAD
ZHONG SHAN BOULEVARD
中山大道

5+Design 的设计构思是将此综合体项目作为“社区生活空间”，沿中山大道面向大众。因此，通过配备零售商店、餐厅、电影院、露天剧场、卡拉 OK 酒吧、保龄球馆和家庭娱乐中心，同时以宁静的花园以及公园、城市农场赋予其动中有静的生活方式。网状布局的自动扶梯、电梯、楼梯、走道和天桥使项目内外紧密相连。与此同时，一些绿化空间从附近的拇指公园延伸并环绕到一层店铺，然后沿着一系列绿化露台攀升至商场屋顶直至住宅社区居民所使用的屋顶花园。

外立面材料和颜色组合将体现亲近自然并尽可能采用本地材料，例如旗舰店的奶白色花岗岩、餐馆的绿色花岗岩和赤陶、住宅建筑的金属板和玻璃以及办公楼的金属肋板和玻璃都来自本地。为了减少车辆交通、汽油消耗和空气污染，通过自行车道、电动车充电站、武汉轻轨服务以鼓励替代性交通工具。广泛使用低辐射和多孔玻璃，通过天窗的被动通风、遮雨／遮阳板、屋顶绿化、再生水和生态草沟，使本项目的商场和写字楼获得由美国绿色建筑委员会认证的 LEED 金牌证书，住宅大厦获得中国绿色建筑委员会至少两星（最多三星）的评级。

ARA
plated
GARDEN BISTRO
TOWER 2

Shenzhen Vanke One City

深圳万科壹海城

工程档案

开发商：深圳万科房地产
设计单位：5+Design
项目地址：广东省深圳市
占地面积 :137 250 平方米
建筑面积 :134 700 平方米
项目状态：在建
项目类型：综合体
项目功能：商业、住宅、餐饮、办公、酒店、娱乐

项目介绍

位于深圳盐田区的大型综合体开发项目万科壹海城，在引入一系列激动人心的新公共设施的同时，预计将现有的政府中心迁回到当地的核心位置。该项目位于城市最高峰梧桐山和大鹏湾之间，拥有 200 米高的办公大楼，数座住宅楼，五星级豪华酒店，四家餐厅和一个包含电影院、美食广场和百货商店的三层购物中心。

在万科壹海城的总体规划中，5+Design 设计团队对位于枝繁叶茂的山峰和大海之间的观景廊进行重新设计和渲染。该项目对商业楼的设计采取多样的建筑风格，变换使用山地和海湾风格的材料，反映了这些建筑与其所处环境的关系。外墙所采用的木条有斑驳的光点，如同树冠上透下的光线，影影绰绰，漫步其中，无比惬意。位于项目中心位置的公园将作为该地区的主要绿色空间，为附近小区居民和海滩游客等提供人工景观，里面设有操场和运动场、凉亭及大型中央绿地。

ONE CITY

RESTAURANT

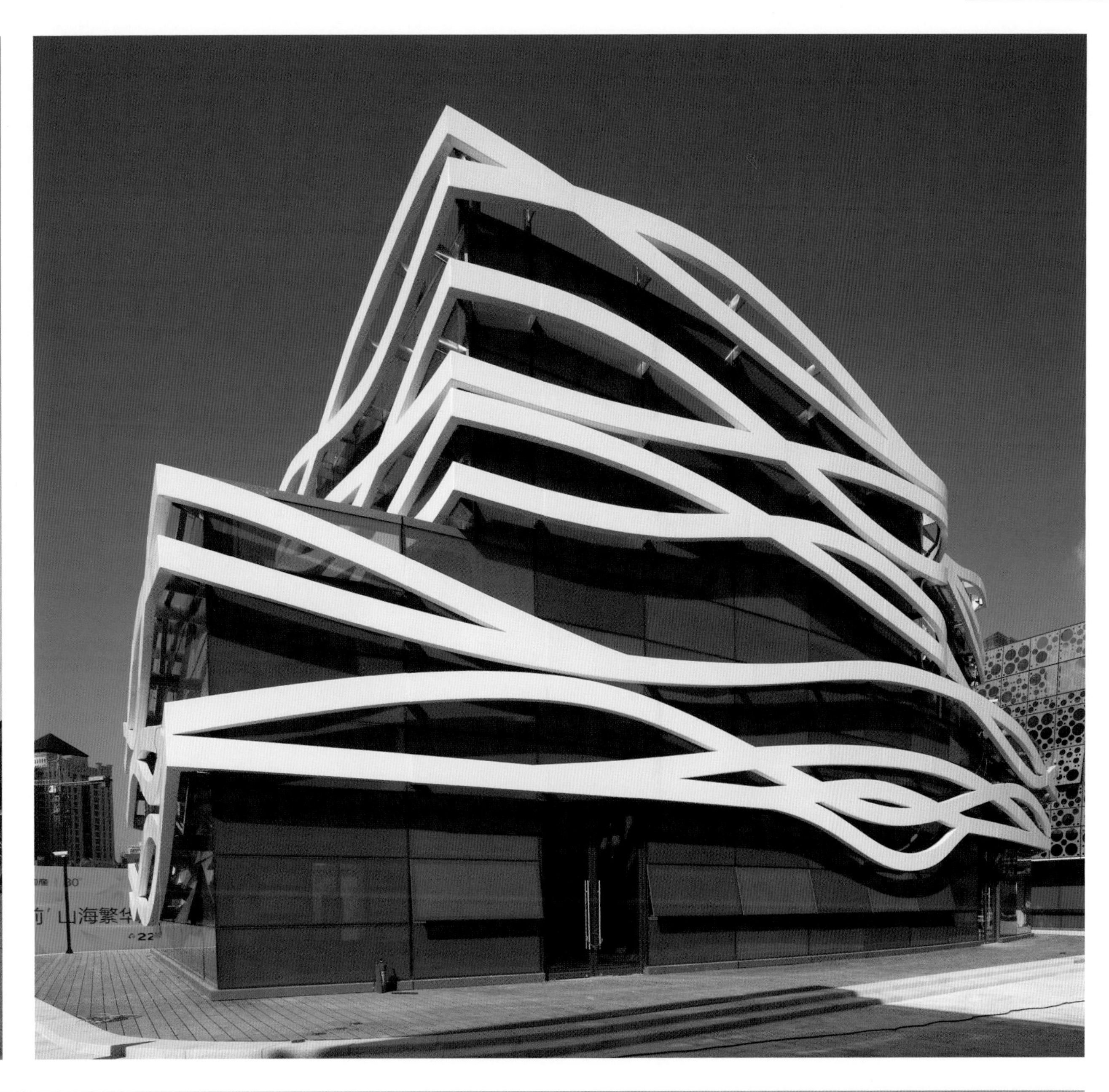

RESTAURANT

LCATE
INCEPTION
JULY 16

Yantian

RESTAURANT

Thursday
ANCHOR
Orange

LOUIS VUITTON
CHANEL
LOUIS VUITTON

LOUIS VUIT
CHANEL
CHANEL

CITYMA

BARNEYS

South Renmin Road Transportation Hub Urban Complex,Kunshan

昆山市人民南路交通枢纽城市综合体

工程档案

设计单位：原构国际设计顾问
项目地址：江苏省昆山市
占地面积：7.8 公顷
建筑面积：234 249 平方米
项目状态：在建
设计时间：2011 年 10 月—2013 年 6 月
项目类型：综合体

项目介绍

昆山商业项目坐落于昆山市中心地段，位于城市老火车站和高铁车站之间，商业形态集大型超市、专卖店、娱乐、文化教育于一体，另设有三栋办公塔楼和 30 万平方米的住宅小区，地上和城市交通相连，地下设有地铁中转车站，该项目成为昆山市首例城市综合体项目。

昆山本身具有吴文化的传统特点——人、艺、山、水，融合昆山特有的三宝——昆石、琼花、并蒂莲，构成了它独具魅力的历史风貌和人文要素，而我们的设计理念正来源于此。项目正是遵循现代时尚和民族文化相结合的设计理念，整体突出建筑的现代感，融入动感强烈的时尚元素，同时在细节上融入民族文化特色，通过对建筑空间、采光玻璃、屋顶绿化的处理以及室外绿化和水景的打造，加之对建筑立面传统图案和色彩的点缀，折射出昆山的传统和现有文化。最终通过一系列的光线、材料、图案、水面的相互结合、映衬，实现白天、夜晚的双重效果，突显了本项目的设计理念主旨，体现出二十一世纪现代江南特色。

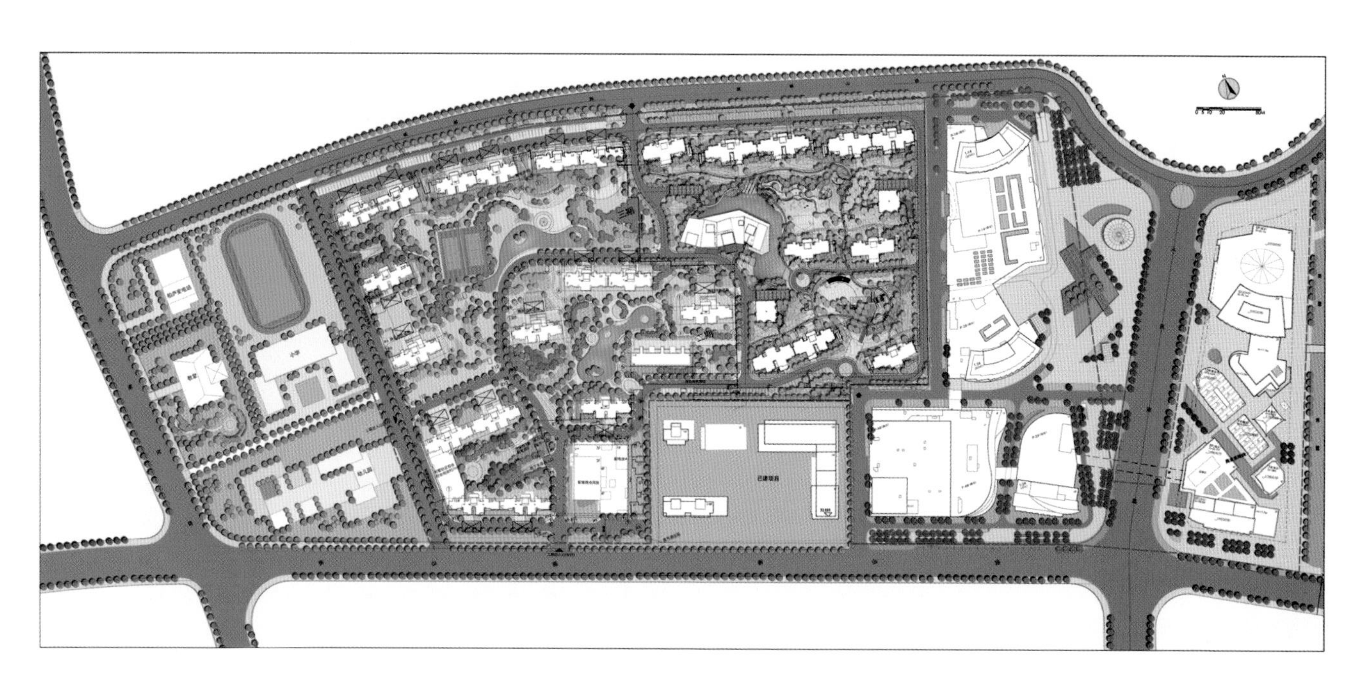

全区概念总图

ORDINONDI

STUDIO
STUDIO
LOUIS VUITTON
LANVIN
INCREDIBLB
INCREDIBLB
EDIBLB
STORM
ESPRIT
ESPRIT
SPRIT

Lingyun Yinxiang Commercial Complex

凌云印巷商业综合体

工程档案

委托人：咸阳华印物产管理公司
设计单位：北京博地澜屋（BUILDINGLIFE）建筑规划设计有限公司
项目地址：陕西省咸阳市
占地面积：67 697 万平方米
建筑面积：545 900 万平方米
设计时间：2013 年 12 月

项目介绍

项目属咸阳市黄金地段人民路商圈。人民路商圈主要包括七厂十字、电影院十字、北门口十字三大商圈。本项目处于七厂十字与电影院十字商圈中心位置，属城市中央商务区核心位置。

项目在设计中融入中国红、中式花格等中式设计元素，同时搭配具有现代风格的商业建筑设计造型，既打造了引领时尚潮流的购物体验空间，又使建筑蕴含了传统的历史文化内涵，打造以体验式消费模式占主导的商业中心。合理的商业动线设计，在最大限度地实现项目商业价值的同时，也实现了商业气氛与历史文化的完美契合。

鸟瞰效果图

效果图

街景效果图

效果图 1

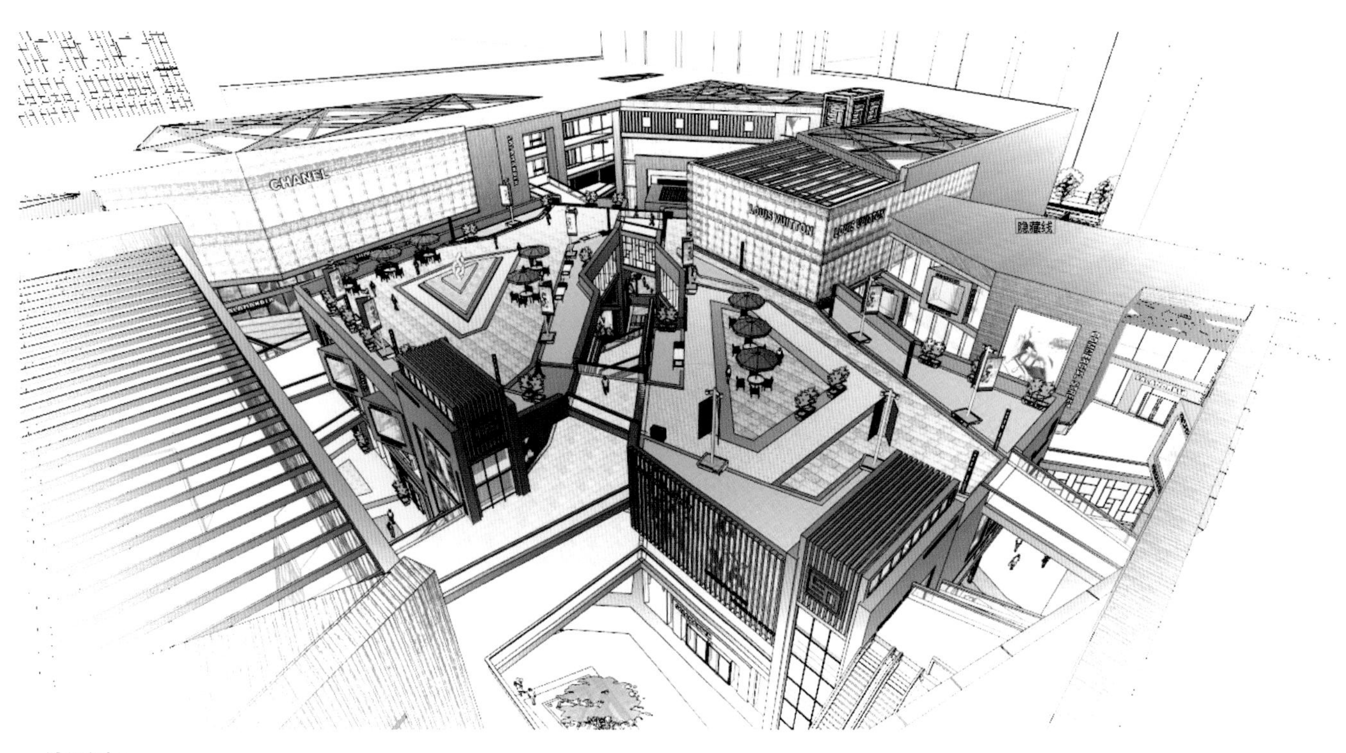

效果图 2

第三部分

室内创意

L’Aurora Multi-brand Boutique
L’Aurora高级时装店

设计师：Stefano Tordiglione

设计说明

从外立面到试衣间，以及空间的一切，Stefano Tordiglione Desgin全力以赴，打造广州太阳新天地的L’Aurora高级时装店，其效果是一个引人注目但又和谐的设计。时装店面积1 000平方米，跨距两层楼，令人感觉气派庄严。

L’Aurora的设计，第一眼就能给人留下深刻难忘的印象。店铺外立面的灵感来自荷兰画家蒙德里安的画作，突出强劲的深色线条和彩色长方体。L’Aurora外立面的特征是设置于粗线条中间的灰白色压花玻璃，其双层设计为顾客带来极大的视觉冲击。店铺内，通过设计师的巧妙设计，顾客可以体验到更多蒙德里安大胆的色彩搭配。布满亮点、涡纹、印花和图案的地毯以及充满活力的沙发，遍布整个商店，创造了一种热情而又温暖舒适的氛围。这种感觉由整个一楼的女装区开始，并一直拓展到二楼的贵宾室和男装区域。

整个设计延续着温暖如家的氛围，大量的陈列架遍布每个角落，让人联想到文雅的图书馆。楼下，陈列架用暖色调的木材制成，这些犹如图书展柜的陈列展示了模特儿、各种饰品和别致的名牌服装。陈列柜后面都采用金色壁纸和彩色磨砂玻璃作为衬托。一排排的书籍和间隔空间都装饰着色调柔和的染色玻璃，将不同的区域分开，赋予丰富多样的变化，创造出舒适自在的感觉。在其他地方，鲜红烤漆的陈列架上独立地展示各件饰品，分外醒目。

Stefano Tordiglione Design在对这个广阔的空间进行分隔时不仅使用了间歇式的休息区，还充分利用了通道和独特的悬挂展示。垂直的金属杆营造了两个大圆形区域，样似鸟笼。一个可以巧妙地焊接铰链横档，里外都可以悬挂衣服，而另一个只展示鞋子。空间里面，沙发画出了一个又一个圆圈，环环相扣。

通向二楼的楼梯独具特色，构造上极具挑战性。商场内设计由许多横梁组成，其背景也是一面自蒙德里安启发的景观墙，这次采用的是米色、金色和银色的面板，迎接顾客来到更具阳刚氛围的二楼。这里，木质地板取代了楼下的大理石地面，软木墙上分布着银色的线条，突出绿色和灰色色调，感觉沉稳，与楼下褐色和红色的暖色调形成鲜明的对比。然而，两层楼之间的连续性并没有中断。楼上楼下的收银台都采用了明亮的红色烤漆，微妙地显现了中国文化，并且为设计的效果增添光彩。

男女贵宾试衣室都运用了浓密的天鹅绒布。女试衣间为粉红色的，男试衣间为绿色的，结合棕色的木质、明亮的橙色和其他的撞色设计，营造出了一种充满活力的现代感，让客人自始至终都能感受到源自L'Aurora的惊喜和能量。

The Original Love — Handmade Cloth Experience Museum Design

原生之爱——手工布艺体验馆设计

设计师：谷鹏

原生之爱——手工布艺体验馆设计理念

本案通过对传统民艺的梳理和解读、感知与传承，并与当代空间设计语言搭接，演绎手工布艺从棉花到引绪成纱再到织造成布的过程，进而思考传统民艺发展的方向，如何协调保护与发展，传承与衍生。设计秉持对传统民艺保护与再造的理念，尝试寻找传统手工转化当代设计的路径，探寻传统手工民艺发展无限新的可能。

空间动态分析：

"棉花弹后以木板擦成长条以登纺车，引绪纠成纱缕"。——《天工开物》

空间以纺车引缕成线之过程，进行设计转译，旋转形成双曲面动态空间留言，消解原室内界面，完成从传统手工织布到空间体验的转换。

棉

Sihong County Museum
泗洪县情馆

设计师：　李孟阳

设计说明

进入展馆的主入口，为大型剧幕秀第一幕：“大湖湿地、水韵泗洪”自然风光。第二幕：历史文脉、红色经典、区位优势等演绎缤纷色彩的多彩泗洪。第三幕：立交桥穿梭、现代化工业经济、科技等共创激情泗洪。设计取义出淤泥而不染，寓意城市的洁净，贯穿的流水设计体现生机盎然的城市。

招商引资
INVITE INVESTMENT
膜科技
MEMBRANE TECHNOLOG
机械制造
电子信息

南部新城

The Planning Museum of Susong County
宿松县规划馆

设计师：李孟阳

设计说明

本设计“万木葱茏”——取自“十年树木，百年树人”，展示生态和谐的宿松。

1 科
2 教
3 文

4 法治惠民显成效
万木葱茏
和谐宿松
惠

Hefei Wanda Shopping Center
合肥万达购物中心

设计师：闫俊

项目概况

包河万达广场是万达在全国重点开发的商业项目，也是万达集团2010旗舰项目之一。项目建筑面积约70万平方米，融大型高端购物中心、城市室内外步行街、超高写字楼、城市中央景观豪宅、六星级酒店和滨河酒吧街等多重高端业态于一体，涵盖商业、商务、居住等多种功能，可一站式提供购物、餐饮、健身、休闲、娱乐、办公等服务，是合肥迄今为止功能最齐全、体量最庞大的城市综合体。其中购物中心面积约24万平方米，首次引入万千百货、万达IMAX国际影院、大歌星KTV、大玩家超乐场、西班牙ZARA、沃尔玛、孩子王、国美电器、同庆楼九大主力店，以及屈臣氏、通灵翠钻、必胜客、汉拿山等近百个品牌商家，共同打造合肥市规模最大、档次最高的商业中心。

RAMOSPORT
HERMES
JESIRE

Jesire
COUR CARRÉ

Dior
ck

JAMES
U2
SEKY
DIESEL
5

HERMES

COUR CARRE
ZARA

Shanghai Greenland Group Design Institute
上海绿地集团设计研究院

设计师：柴之清

设计说明

项目地上总建筑面积2万平方米，主要由两大功能构成：西楼由各类技术及产品的研发团队的办公空间组成，东楼主要由会议中心、绿地集团企业展厅、智能化办公产品展示中心等公共空间组成，兼具对外经营和对内创新研发两大部分内容，两者之间具有可相互转换的兼容性。

室内办公空间关注健康、效率及沟通，结合公共功能特有的专业、创意及互动，创建具有充分活力和凝聚力的工作场所。

室内设计以建筑的空间及结构逻辑为原则，充分利用钢、混凝土、玻璃及原生木材的物质特性，拒绝美化的装饰，塑造具有充分学术性及自然价值观的研究院氛围。

室内设计充分地将建筑、景观融合为一体，形成人与建筑及环境的共生、共存。

The Interior Design of the School of Management, Fudan University

复旦大学管理学院室内设计

设计公司：上海骏地建筑设计咨询有限公司

项目介绍

复旦大学管理学院EMBA教学院区项目位于上海杨浦区五角场创智天地街坊311地块。项目范围包括三个地块的教学、行政办公楼和位于地块之间的地下空间及空中连廊综合体。建筑占地面积14 729平方米，地上建筑面积为50 106平方米，建筑高度50米。建筑由西班牙EMBT建筑师事务所设计。

复旦大学管理学院EMBA是中国首屈一指的经济管理学研究生院，学院的教学宗旨是“传承中国文化精髓，瞄准世界一流水准，培养国际化优秀人才”。学院坐落于高校林立的五角场地区，是中国第一所完全开放园区的城市大学，其“开放，参与，共生”的理念将为城市文化作出积极的贡献。

创造性的学术氛围基于自由的开放空间：室内空间设计注重激发学生交流的互动性及城市设计的开放性，通过中央区域的阶梯广场将公共活动空间形成强劲的校园凝聚力。

优秀的文化传承导致独特的创新设计意识：图书馆以“纸”的元素组合及“塔”的形态特征塑造了独特的意境，象征中华文化悠久的历史和精神丰碑。

室内设计的每一个形象、每一个细节都在体现学院的教学宗旨和文化气质。

朽木不折
锲而不舍 金石可镂

Donghai Crystal City
东海水晶城

设计师：王昕 姚一琦 张宇星

设计说明

东海，闻名中外的“中国水晶之都”，是国务院批准的首批沿海对外开放县，也是新亚欧大陆桥西行第一县。

根据东海文化特色的提取，将“一石、一泉、一花”作为设计元素，充分体现本土文化的独特魅力。

一号楼以水晶为元素形成的多面空间整体造型简洁明快，大气恢宏。通过水晶的多面、反射、透明及其形态各异的变化等特征，形成了多面空间，具有变化莫测、璀璨晶莹、梦幻体验的空间感觉。

二号楼以泉水为元素形成的纯净空间整体造型和谐圆润，动感明快。通过泉水的清澈、流动等特征，形成了纯净空间，透露着精致完美、优雅简约、玲珑剔透的视觉感受。

三号楼以花海为元素形成多彩的空间，整体造型多彩斑斓，柔美时尚。通过花的柔美、多样等特征，形成了多彩空间，表现出光芒四射、装饰点缀、色彩斑斓的空间效果。

本案设计既有统一的形象，又有体现精巧的细节处理和深入的人性化设计思想，使建筑本身和室内空间紧密结合，相互穿插渗透，达到轻盈、优雅、通透及高效节能的效果，给人以独特、柔和、细腻的舒适感。整体设计手法简洁干练，文化元素整合贯穿其中，体现了中国东海新水晶城特有的形象与气质。

less
GUCCI
Desigual
Honeys

UIS VUITTON

GUCCI
Honeys
OMEGA
VERSACE
less
CHANEL
Desigual
TEXT

OMEGA
AP
VERSACE

VERSACE
VERSACE

Nanjing Rongsheng Times Square

南京荣盛时代广场

设计师：王昕 姚春红 章甫

设计说明

荣盛，秉持“诚信、拼搏、创新”的企业精神为消费者打造“自然的园、健康的家”。本案的设计以“水中石，雨中花”为设计主题，整体色彩定位中性色调，整洁明亮。滁河环城，犹如一条翡翠项链。龙湖，位于滁河旁边，就如这项链上的一块珍贵的宝石。万物于天地之间，和谐共生。通过这些元素的合理运用，让整个空间设计与地方环境相融合，空间动静分明，忙而不乱，每一个画面，每一处细节，简而不失其华，约而不显其涩。

CELINE
购物乐园 华丽揭幕
AUDEMARS PIGUET
ZARA
H&M

购物乐园 华丽揭幕
JACKJONES
AUDEMARS PIGUET
AUDEMARS PIGUET

SORZ
CHA

Design of Gaoxin No.9 Shopping Mall

高新9号商场设计

设计师：王昕 包岳良 王雨维

设计说明

主题——自然。

构图布局，将自然环境与建筑空间进行立体解析，使整个设计的逻辑结构中的“森林、溪地、水幕、阳光、天空”对应建筑物的每一个空间，使人身处建筑物内如同置身于整个自然环境中。

空间由天空舞台、欢迎森林、水幕丛林、阳光步道、溪地广场五个特色区域组成，在成熟的商圈中，给西安市民带来从未体验过的“都市度假的场所”。这个场所将作为地域的象征与骄傲，与地域共同成长。这种对地域的贡献会提升公司的品牌形象及住宅的附加价值。

FREEDOM
ONE MORE

MAXWIN
ZARA HOMME
CHANEL
ONLY
COCOON
FASHION NEWS
HUGO BOOS
ZARA HOMME
COCOON
CHANEL
Royal Fashion
MAXWIN
COACH

VERSACE
ZARA HOMME

HODO红豆
打造主流生活方式

三千粉
牛肉米粉餐厅
BEEF RICE NOODLE
麦捞夫烫
innisfree

2F
1F

CalvinKlein

HUGO BOSS
WELCOME
SALE
FENDI

ZARA
BURBERR
ONLY
GIRDEAR
GXG
LEE
OTTEGA VENETA

Spring,Summer,Autumn,Winter —Creative Park Display

春夏秋冬——创意园区展示

设计师：汪于琪

设计说明

在植物的萌芽、生长、陨落和动物的沉睡、惊蛰、始鸣、迁徙中，人们经历着四季的变迁和世间的冷暖，在每次翻着日历的时候，有心人记录下自己的见闻遭遇。这些记录丰富着古人对自然的认识，提醒着他们生活的步骤，节日里人们休息、寻欢、打闹，自由地迸发激情。

通过创作二十四节气主题园区，把节令制成尺幅，将时光存留，将佳节收拢，那么在尺幅短暂地停留，沉思过去，便是以怀想去接近现实中不可得的美丽。

秋分
The Autumnal Equinox
初候，雷始收声；
二候，蛰虫坯户；
三候，水始涸
立夏。
穀雨。
大暑
小暑
夏至
芒种
小满
立夏
谷雨
清明
春分

春
秋
若

惊蛰

chūn
春
二十四节气
谷雨
春分

雨水
谷雨

清明
GLOBAL
TECHNOLOGY

雨巷
夏
榖雨
惊蛰

大暑
小暑

春
夏
秋
冬
雨巷

榖雨
大暑
小暑

立夏
小满
芒种
夏至
小暑
大暑

中秋
相知结缘
前世良缘今生定共结白
所有的缱绻情恋
相知相诉生生世
所有的人间情

中秋

秋荷

花容壁影相映红
相知结缘
前世良缘今生定共结白首

秋荷

芒种
立夏
谷雨
清明
春分
惊蛰
大雪
小雪
立冬
寒露
秋分
白露

春
夏
秋
冬

春
夏
秋
冬
FELTRON